看不見的生物
病毒、細菌

恐龍小 Q 編

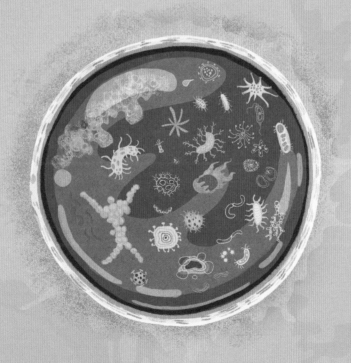

 關於微生物，我想告訴你很多

　　説出來可能你不會相信，我們的星球其實是一個微生物星球，形形色色的微生物遍佈世界的各個角落，它們就是本書要講的細菌、病毒和真菌。

　　如果你手裏有一個能夠看到微生物的「放大鏡」，透過這個鏡片你就會發現，微生物才是真正的「世界公民」：一張半新不舊的紙幣上就沾有 30-40 萬個細菌，一克重的土壤裏生活着數億個微生物。除此之外，這些微生物還躲在水管裏、食物上、人的腸道裏……現在，你只要伸出一隻手，手掌上就密密麻麻地佈滿了微生物，這絕對不是危言聳聽。

其實，這些微生物的「祖先」早在 32 億年前就生活在地球上了，遠遠早於人類，只是因為它們的體積實在太小了，才成了地球上的「隱居者」。直到 17 世紀後期，雷文霍克（Antonie van Leeuwenhoek）製作了能放大 200-300 倍的顯微鏡後，微生物才開始向人類展示它們的無窮奧秘。

　　雖說微生物生活在「暗處」，但這並不妨礙我們了解它們更多。近幾十年，很多曾在全球「橫行霸道」的致病微生物已經得到「控制」，而那些「好」的微生物則在生活的多方面為我們提供服務。

　　現在，人類了解的微生物種類還只是它們家族中的一小部份，大多數微生物仍然默默無聞地待在它們數十億年來生活的地方，等待我們去挖掘、研究和應用。了解微生物，並不只是生物學家的事情，現在我想邀請你一起走進微生物的世界。

6 微生物家族

8 神奇的細菌

10 聰明的傢伙

12 人是由細菌組成的?!

14 細菌入侵

16 抗生素的故事

18 「各顯神通」的細菌

20 奇怪的病毒

22 感冒來襲

24 免疫細胞反擊戰

錄

30 「智慧型」致命炸彈

32 被「馴服」的病毒——疫苗

34 真菌世界

28 變化莫測的病毒

36 麵包發霉記

38 發酵的奧秘

26 細菌殺手——噬菌體

40 真菌界的「怪誕事件」

42 善用真菌的動植物

44 五花八門的傳播方式

46 防護小常識

微生物家族

微生物在自然界中的分佈很廣，空氣中、土壤裏、水中，甚至人的皮膚和頭髮上、口腔和腸道裏，都存在大量的微生物。

微生物是甚麼？

微生物是指一類微小生物，一般情況下肉眼是看不見的。它們體形微小、結構簡單，大多數需要借助顯微鏡才能被看到。

想看到它們，全靠我！

地球上的生物種類大約有 150 萬種，其中微生物的種類就有數十萬種。

生物界的「小不點」

微生物體積很小，只能用「微米」或「納米」這種微小的長度單位來表述它們。即使一個體積大的桿菌，「身高」也只有一粒米的三百分之一。

嘩，這座「山」很高呀！

家族主要成員

微生物的家族成員包括細菌、病毒、真菌等。

細菌

細菌由一個細胞構成，它們到處都是，有「好」有「壞」，而且大多數細菌都喜歡「群居生活」。

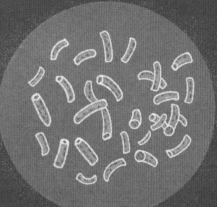

這是腸道裏的大腸桿菌。

病毒

在微生物家族中，病毒的體積最小，它依靠進入別的生物的活細胞裏生活。

這些綠色的病毒正在入侵細胞

真菌

有的真菌能讓人生病，有的卻是「廚藝大師」。一些真菌會導致食物發霉，人吃了發霉的食物往往會生病；一些真菌卻是食物的發酵劑，能夠創造出難得的美味，例如乳酪、葡萄酒等。

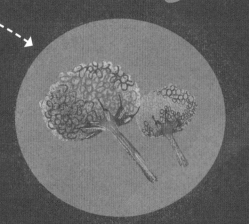

神奇的細菌

細菌是微生物的一大類別，大小約一至數微米。它遍佈我們生活中的每個角落，從水管滴出的一小滴水就有千千萬萬個細菌。細菌是單細胞的微小生物，內部結構非常簡單。

莢膜——防護外衣

某些細菌的細胞壁外包裹着一層黏性物質，它的名字叫「莢膜」。千萬不要輕視莢膜，它可是細菌致病的重要毒力因子。

細胞膜——運輸系統

在細胞膜上隱藏着小型通道，那是細菌的運輸系統，能輸送營養、排出廢物。

細胞質

細胞膜包裹着的溶膠狀物質。

核物質——DNA 檔案

細菌的遺傳物質稱為「核物質」，由 DNA 形成。

菌毛——許多觸手

很多細菌長着小觸手一樣的菌毛，它們能使細菌牢牢地吸附在它想停留的地方。

細菌的外形

　　細菌長得千奇百怪，很多甚至是我們無法想像的。不過，按細菌的外形區分，主要有球菌、桿菌和螺旋菌三大類。

球菌
圓球狀或近似球狀

桿菌
桿狀或類似桿狀

螺旋菌
彎彎曲曲的螺旋狀

細胞壁

細胞的保護屏障。

你看你這麼胖，是不是該減肥了？

我這不是胖，這是豐滿！

螺旋菌

桿菌

球菌

胖瘦無所謂，重要的是要有我這種完美的曲線。

鞭毛——運動器官

　　有些細菌長着長長的「尾巴」，叫做鞭毛。鞭毛好像船槳，不僅能夠快速推動細菌前進，還能改變細菌的運動方向。

細菌的氣味

　　很多細菌是有氣味的，比如放線菌有雨後泥土的味道，綠膿桿菌有山梅花味。還有一些細菌會組團「製造」氣味，比如嘴巴裏的牙菌斑會造成口臭，而待在腋窩中的一些細菌會讓腋窩散發汗臭味。

聰明的傢伙

　　細菌雖然是單細胞生物，但不能表示它「頭腦」簡單。現代生物學研究發現，細菌具有和高等生物類似的特性，很多情況下，細菌還是非常聰明的。

適應力強

　　細菌無處不在，水、空氣、土壤、人和動物的身上都有細菌。細菌的適應能力很強，甚至在極端的環境如深海和真空環境中，它們也能找到辦法生存下來。

自食其力

　　在細菌大家庭裏，有些細菌能自己製造「食物」來維持生命，它們可以「自食其力」。

這些古老的岩石中也生有細菌。

通過光合作用，這些細菌能為自己生產出有機物。

來呀來呀！

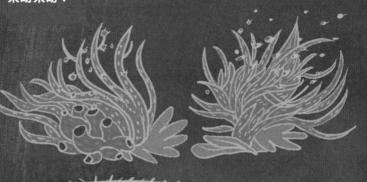

交流溝通

　　細菌雖然不能像人一樣說話，但是它們之間也是可以交流的。它們通過釋放信號分子等方式來表達自己的「想法」，比如「營養怎樣分配」、「甚麼時候發起進攻」等等。

集體合作

　　細菌很有組織性，它們喜歡集體行動。比如會發光的海洋菌類，為了發出足夠的光，它們會召集很多小夥伴一起發光。

細菌能讓短尾烏賊發光？

　　短尾烏賊只有半個拇指大，小身材的牠有一項絕技——身體會發光。但這不是牠本身的技能，而是依靠了一種會發光的細菌。

信號濃度愈來愈大

信號濃度觸發感應指令

發光

這種現象被稱作「生物發光」。

人是由細菌組成的 ?!

在我們的身體裏，有很多很多細菌在生活。一名法國遺傳學家指人體內的細菌有近兩公斤重。我們的皮膚表面、口腔、呼吸道、消化道等處，都能發現細菌的身影。

我們身體中 90% 的細胞是細菌。

益生菌

有益於健康的「好菌」，比如乳酸菌。

中性菌

菌群中的「牆頭草」，正常狀態下對人體有益，一旦發生位置轉移或數量增多就可能引發疾病。

致病菌

令人生病的「壞菌」，多數都是從外界進入腸道的，比如霍亂弧菌。

細菌檔案

人體腸道中有很多種細菌，它們被稱為「腸道菌群」。按照對人體的利害關係，腸道菌群分為以下幾種：

很多細菌在濕潤的鼻腔和口腔中生活。

人的一隻手掌上可能存在 100 多萬個細菌。

人的皮膚乾燥的前臂上有不同種類的細菌在生活。

腹腔裏下，活躍的細菌差不多有 50 多種。

對人體有益的腸道益生菌

在我們的身體裏，腸道中的細菌數量最多，其中有一些是益生菌。益生菌是對人體有益的活性微生物，讓我們一起來看看它們有哪些益處吧。

在裏面工作的都是腸道益生菌。

唉，沒辦法生存了。

報告，那邊有病菌。

參與消化，分解還沒有被消化的食物。

打掃腐敗物質，改善便秘或腹瀉症狀。

促進營養吸收。

調節免疫功能，緩解過敏症狀。

搶佔地盤，將害菌趕走。

幫助抵抗病菌的侵害。

發出病菌的定位信號。

促進腸道蠕動，增強腸的動力。

細菌入侵

能引發疾病的細菌被稱作**致病菌**。它之所以能致病，是因為它有毒性和侵襲力，能夠衝破宿主的防線，在宿主體內定居、繁殖、擴散。

引發百日咳的百日咳桿菌會損傷支氣管，使患者出現咳嗽和呼吸不暢順等症狀。

引發喉嚨發炎的鏈球菌產生的酶，能協助細菌快速擴散，使患者出現喉嚨腫痛等症狀。

細菌是怎樣進入人體的？

細菌可以通過呼吸道、消化道等進入人的身體。除此之外，皮膚上的傷口也會成為細菌進入人體的通道。破傷風就是細菌（破傷風桿菌）進入傷口後引起的感染。

人體抵抗細菌的三道防線

第一道防線：皮膚、黏膜及其分泌物。

第二道防線：體液中的殺菌物質和吞噬細胞。

它們是記錄在案的犯罪分子，快抓住它們！

主要由免疫器官和免疫細胞組成。第三道防線：

皮膚阻擋了我前進的腳步。

吞噬細胞來啦，快逃！

哎呀，我要被吞掉了！

第一道防線有阻擋細菌和「清掃」異物的作用。

第二道防線會和細菌「戰鬥」，「吞掉」或溶解致病菌。

第三道防線一般只對某一種特定的細菌起作用。

抗生素的故事

如果有人不小心感染了細菌而生病，醫生就會開對抗細菌的藥給他，這類藥便屬於抗生素。正確合理地使用抗生素，能殺滅或抑制病人身體中的致病細菌。

抗生素的發現

1928 年，英國細菌學家弗萊明（Alexander Fleming）在培養一種葡萄球菌時，發現培養皿裏面出現了一團陌生的青綠色霉菌，霉菌周圍的葡萄球菌大量死亡。弗萊明發現，這種霉菌產生的物質可以攻擊葡萄球菌。之後利用這種霉菌，生物化學家配置出了第一種抗生素——青黴素。

抗生素的作用

抗生素多被用來治療細菌性感染。

青黴素在二次大戰中被使用，挽救了很多人的生命。

細菌的抗藥性

哈哈，我們不怕你！

對抗時可能存在幾個強大的細菌，它們可以抵擋某種抗生素的攻擊，也就是我們常說的具有抗藥性。

超級細菌

誰來我們都不怕！

在具有抗藥性的細菌中，有一些細菌能抵擋多種抗生素的「追殺」，它們就是「超級細菌」。

「各顯神通」的細菌

細菌在地球上已經存在了 30 多億年，很多細菌擁有神奇的能力，在我們看不見的世界裏「各顯神通」。

「呼風喚雨」的細菌

有一類神奇的細菌能夠引起降雨，甚至有一些科學家認為，地球上 80% 的降雨都要歸功於這類細菌。它們的傑出代表是丁香假單胞菌。

丁香假單胞菌有一種特殊的蛋白質，這種蛋白質能將水凝結成冰。

當丁香假單胞菌攻擊植物的時候，它身上的蛋白質就開始發揮結冰的威力了。

「鐵齒銅牙」的細菌

嗜金屬細菌熱衷於「吃」金屬，之後再排出金屬「便便」，使金屬聚集。這類細菌常被用來開採黃金。

向天空進發！

呼呼！

好冷啊！

能發電的細菌

有些細菌可以發電，它們不僅能把電荷「吃」進去，還能靠體內的新陳代謝排出電荷「便便」。

有磁性的細菌

趨磁細菌因為體內有磁小體，所以它們能像指南針一樣「向南」或「向北」移動。

能分解油污的細菌

嗜油菌能夠分解海洋油污。它們種類眾多，分工明確：有些能分解油污中的毒素，有些能將油污轉化成二氧化碳和水。

丁香假單胞菌飛入雲層，使雲層中的水汽凝華成冰晶。

冰晶在降落過程中融化成水滴，形成雨。

奇怪的病毒

在生活中，我們有時會患上感冒。感冒就是病毒進入我們身體後引起的呼吸道傳染病，令我們出現發燒、流鼻涕等症狀。那麼，病毒到底是甚麼呢？

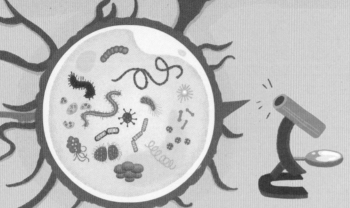

小小的病毒

病毒非常微小，我們需要借助電子顯微鏡將其放大幾萬甚至幾十萬倍，才能看到它們。

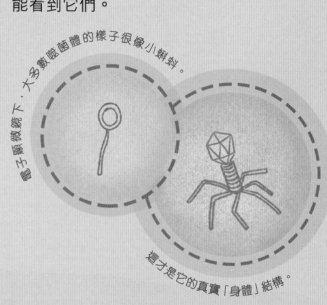

電子顯微鏡下，大多數噬菌體的樣子很像小蝌蚪。

這才是它的真實「身體」結構。

病毒的結構

透過電子顯微鏡觀察病毒，會發現它們連最基本的細胞結構都沒有，可以說是一個蛋白質外殼包裹着一些遺傳物質。

病毒的蛋白質外殼叫作「衣殼」。

病毒「肚子」裏的病毒核酸（DNA 或 RNA）儲存着病毒重要的遺傳信息，病毒感染、複製、變異等都是病毒核酸的「功勞」。

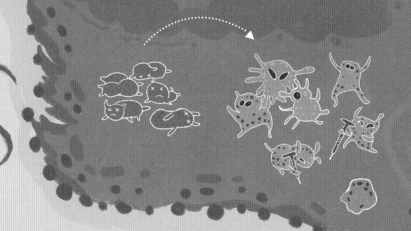

病毒非常奇怪，它們平時一動不動，好像死了一樣。但是一旦進入敏感的活細胞，它們就會變得非常活躍。

病毒不會自己繁殖，它們只能進入活細胞內「強迫」其為自己繁殖後代。

進入細胞的病毒通過複製的方式擴充隊伍。

入侵細胞

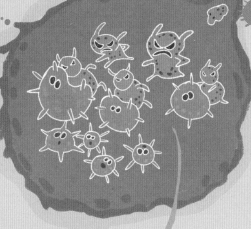

我要控制細胞，讓它為我服務！

我這輩子唯一的願望就是打入細胞內部。

1 如同飛機着陸一樣，病毒會先吸附在細胞的表面。

2 之後病毒會利用一把「蛋白鑰匙」，開啟細胞之門。

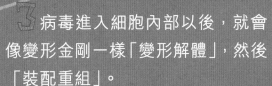

3 病毒進入細胞內部以後，就會像變形金剛一樣「變形解體」，然後「裝配重組」。

4 新病毒會衝出細胞，然後繼續執行同樣的細胞侵佔工作。

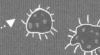

感冒來襲

普通感冒病情較輕，但會有幾天的不適期，可能會出現鼻塞、流鼻涕、打噴嚏、發燒等症狀。

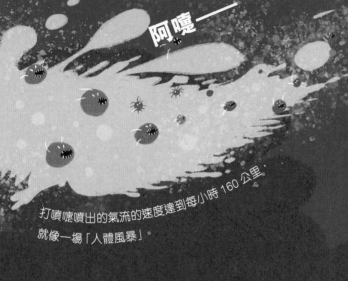

阿嚏——

打噴嚏噴出的氣流的速度達到每小時 160 公里，就像一場「人體風暴」。

鼻病毒，眾多感冒病毒中的一種，是常見的感冒病毒。

突襲的感冒病毒

尋找目標

有人因為感冒打了一個大噴嚏。感冒病毒趁機從患者體內跑了出來，並迅速尋找新的目標。

感冒沒有根治的方法，感冒藥無法直接將感冒病毒殺死，但可以減輕症狀。

穿越防線

感冒病毒在新目標的鼻子裏稍作停留，然後穿過鼻毛，隨着呼吸衝到鼻腔深處，到達咽喉。

鼻毛

呀，衝呀！

喬裝打扮

之後感冒病毒會把自己偽裝成人體需要的物質，進入咽喉細胞內部。

小細胞乖，把門打開。

病毒工廠

被入侵的細胞成為了感冒病毒的「工廠」。在「工廠」裏面，成千上萬個新病毒被生產出來，之後它們即刻行動，去感染其他細胞。

感冒的傳播途徑

飛沫傳染

直接接觸

間接接觸

團夥作戰

感冒病毒入侵細胞之後，會建立起一支病毒大軍，然後一起深入細胞核。

這場「侵略戰爭」帶來的後果輕則是一場普通感冒，重則可能發展成為嚴重的肺炎。

免疫細胞反擊戰

　　白血球是人體重要的防衛隊，不同種類的白血球有不同的分工。流感病毒進入人體以後，各種白血球會組成一支強大的軍隊，一起對抗病毒。

對抗流感病毒的白血球戰隊主力軍

 吞噬細胞

具有吞噬能力的白血球。

吞噬細胞一旦「感覺」到有病毒入侵，會快速趕到「現場」，把病毒吞進「肚子」裏。

 淋巴細胞

包括 T 淋巴細胞、B 淋巴細胞等。

 T 淋巴細胞：趕赴戰場，追踪被感染的細胞並將它們消滅。

 B 淋巴細胞：擅長遠程打擊，無需趕赴戰場就能一招致命。

第一波進攻

　　細胞受到病毒感染後，吞噬細胞會先察覺到敵情，之後立即聚集，吞掉細菌，然後自我毀滅。

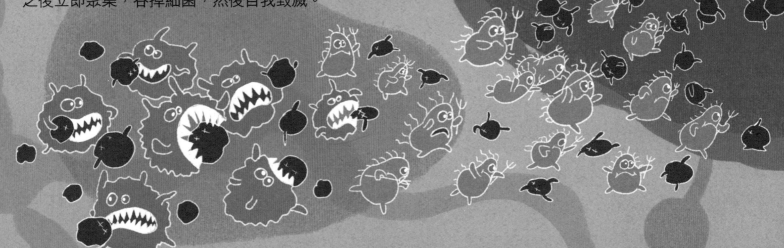

第二波進攻

T 淋巴細胞出動，找到感染細胞，在細胞內部殲滅病毒。

發射抗體

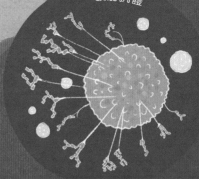

同時，B 淋巴細胞研發出尖端武器——抗體，並進行遠程打擊，牽制敵人。

還有一些吞噬細胞吞下被牽制的病毒群，將其一舉殲滅。

戰役結束，流感病毒被消滅，淋巴細胞記憶小分隊在體內巡邏。

這場戰爭會引發一系列炎症反應。

炎症反應

流鼻涕　部份吞噬細胞完成職責之後自我毀滅的堆積物，與黏液一起形成鼻涕。

咳嗽　　清除咽喉中大量細胞碎片的辦法是咳嗽。

發燒　病毒很怕熱，身體創造出超過正常體溫的環境，這樣可以抑制病毒繁殖。

身體免疫系統與病毒的爭鬥大概需要一週的時間。一週過後，普通的流感一般會痊癒。

星期一　星期二　星期三　星期四　星期五　星期六　星期日

細菌殺手——噬菌體

病毒並不都是會讓人生病的大壞蛋，比如有一種病毒就專門「做好事」，它們能「吃」掉細菌，常被人們用來治療細菌感染，它們就是噬菌體。

我們是噬菌體。

奇異外形

噬菌體的外形很奇異，頭部呈多面體，蜘蛛腿一樣的「爪子」，使它看上去很像一個仿生機械人。

頭部

尾部

DNA

我們來比比誰的腿多吧！

我沒空，還忙着捕食細菌呢！

哎呀！和我長得太像了吧。

不是，不是，我生來就長這樣。

仿生機械人

工作達人

噬菌體對付細菌的時候，會先在細菌身上鑽個洞，然後像打針一樣將自己的 DNA 注射到細菌裏。

先降落到「地面」，然後再深入「探測」。它工作時的樣子，就像一個外星探測器。

特殊的病毒

噬菌體在自然界中分佈極廣，有細菌的地方就可能有相應的噬菌體，比如泥土、水中、人體腸道裏……其中，含噬菌體最豐富的地方是海洋。

「吃」細菌就是我們的工作。

固定食譜

噬菌體喜歡「吃」細菌，它們往往有各自固定的「食譜」：有的喜歡「吃」人體內的大腸桿菌，有的喜歡「吃」讓植物枯萎的細菌，還有的喜歡「吃」傷口處滋生的細菌。

被燒傷、燙傷的皮膚上容易滋生綠膿桿菌，醫生便用喜歡「吃」這種細菌的噬菌體來治療燒傷、燙傷。

看招！

好痛。

變化莫測的病毒

病毒不是一成不變的，有時候病毒的變化甚至會讓人類無法應對。這種情況之下，很有可能會引起病毒傳播。

落伍的免疫系統

病毒在繁殖的過程中，會因某些因素的變化而發生改變，這種變化叫做「病毒變種」。流感病毒變異以後，會導致身體的免疫系統無法識別它。

這是病毒的變裝術

有時候是病毒自身發生了改變。

有時候是因兩種病毒「碰撞」而重組。

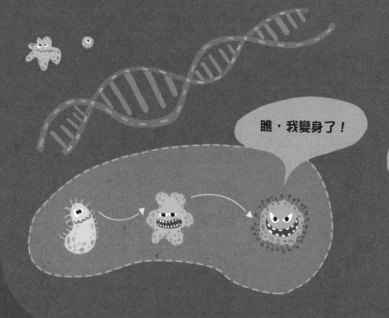

病毒變種帶來的麻煩

病毒變種會帶來很多麻煩，比如一些人類感染的流感
病毒，就有可能是由動物身上的病毒變異而來的。

✳ 豬能同時感染鳥類和人類的流感病毒，產生
鳥類與人類流感病毒的重組病毒，成為毒性強大
的流感病毒的源頭。

豬感染了
人類的流感病毒

豬感染了
鳥類的流感病毒

兩種病毒在豬體內形成
一種新的重組病毒

✳ 這種流感病毒也有可能傳染到人的身上，
並在人與人之間互相傳染。

「智慧型」致命炸彈

病毒雖然小至肉眼不可見，卻足以致命。它們會鎖定人類，然後發動恐怖襲擊。它們之中有很多目標明確的「智慧型」選手，會針對人體的某個部位精準打擊，然後一招致命。

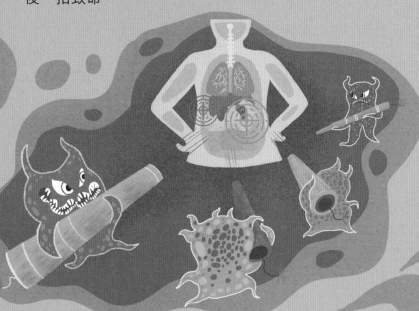

致命病毒

攻擊力：★★★★★大多能置人於死地
耐藥性：★★★★★幾乎無藥可擋
定　位：「智慧型」

「超級癌症」愛滋病病毒

攻擊部位：免疫系統

愛滋病病毒，又叫人類免疫力缺乏病毒（HIV），它主要攻擊人體的免疫系統，使人體喪失免疫功能，變得不堪一擊。

愛滋病病毒大約在 20 世紀 50 至 60 年代就已經出現了，這種病毒起源於野生的靈長類動物，並經某種黑猩猩傳給人類。

「恐水症」狂犬病病毒

攻擊部位：腦部

狂犬病病毒會引發一種嚴重的急性傳染病——狂犬病。狂犬病病毒主要通過帶病毒的貓、犬等動物傳播，人類感染後會出現怕水、呼吸困難、咽喉肌痙攣等症狀，最後會因呼吸器官衰竭而死。

能引發傳染性非典型肺炎的冠狀病毒

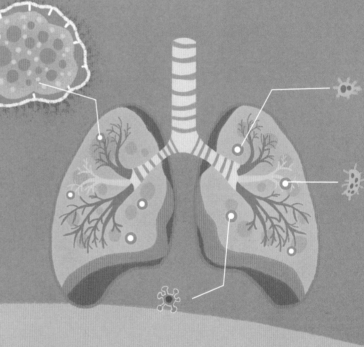

攻擊部位：肺部

由這種冠狀病毒引發的傳染性非典型肺炎，主要症狀為發燒、咳嗽、呼吸急促等，嚴重時會因呼吸器官衰竭而死。

肝炎病毒

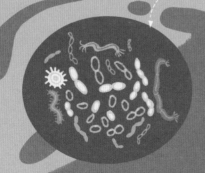

攻擊部位：肝臟

肝炎病毒是引發甲型、乙型等病毒性肝炎的元兇。
這些病毒有可能是隨着不乾淨的食物被人們「吃」進肚子裏的，嚴重時會危及肝臟。

被「馴服」的病毒──疫苗

病毒危害身體，會引發很多疾病。但是病毒也可以有效利用，最典型的例子就是人類利用病毒製造疫苗，預防傳染病。

甚麼是疫苗？

疫苗是被「馴服」的病毒，這種病毒失去了破壞能力，會為人類服務。

我是護士1號。

我是護士2號。

疫苗為何能預防傳染病？

疫苗會把病毒的信息「告訴」免疫系統，利用免疫系統的記憶功能對抗病毒。

改變病毒

製造疫苗前要先提取病毒。科學家會從感染者身上提取病毒，然後用各種生物技術方法改變它，從而研發和製造疫苗。

我要洗心革面，做個好病毒。

有些疫苗是將提取的病毒殺死，而有些疫苗則是將病毒的毒性減弱。

記憶存檔

疫苗被注射到人體後，會激發免疫系統反應，免疫系統因此獲得了病毒的信息，形成記憶。

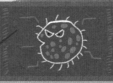

就是它，你們一定要記住它的樣貌！

火眼金睛

當外界致病病毒侵入人體的時候，免疫系統就會根據記憶快速識別出這種病毒，然後立即消滅它們。

這些病毒跟我們的記錄一致，殺無赦！

疫苗的發明

種痘

11世紀時，中國人就已經學會了利用「種痘」的方式預防天花。根據文獻記載，人們會把天花病人的痘漿送入接種者的鼻孔，使接種者輕度感染後獲得天花病毒的免疫力。

是種瓜得瓜，種豆得豆的「種豆」嗎？

這樣就不用懼怕天花啦！

真是神奇呀，神醫！

18世紀，英國醫生詹納（Edward Jenner）發現了牛痘與天花之間的聯繫，他在健康的人身上接種了牛痘提取液，使其獲得了天花病毒的免疫力。

疫苗的種類

滅活疫苗

科學家將病毒的「毒性」完全消除，然後將其製成疫苗打到人體內。這時，雖然病毒沒有能力做壞事了，但免疫系統仍會消滅並記住它。

減活疫苗

科學家先將病毒的「毒性」減弱，再將其製成疫苗打到人體內。這時，人體內的免疫系統見到虛弱的病毒，就會消滅並記住它。

牛奶女工不易感染天花病毒，因為她們經常與牛接觸，很可能手上得了牛痘，產生抗體。

真菌世界

在微生物王國裏，真菌應該算是「巨人家族」了，因為很多真菌肉眼可見。真菌種類繁多，樣子千奇百怪，常見的有霉菌、酵母菌、蘑菇等。

霉菌

霉菌的種類很多，如天氣濕熱時衣服上長出的黑霉、食物發霉後的斑點等。

這些密密麻麻的細絲稱為「菌絲」，它們的一端向上生長，一端向下「扎根」，深入機體內部。

真菌為甚麼附在食物上？真菌不能自己製造養份，因此它們透過分解食物中的養份來養活自己。

這些像芝麻一樣的小顆粒是孢子，它們是霉菌繁殖的「秘密武器」。孢子成熟後會脫落、飄散，遇到適合的環境便會再次「扎根」。

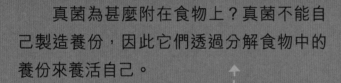

真菌有好有壞

1. 長在身體上的「壞傢伙」

長在身體上的「壞傢伙」——皮癬，就是對人類身體有害的真菌。潮濕又溫暖的地方，最容易滋生這類真菌。

這裏溫暖不透風，我們好喜歡！

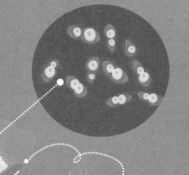

酵母菌

　　酵母菌常被用在日常烹飪中，例如蒸饅頭、焗蛋糕等。酵母菌能使麵團產生許多小氣孔，令麵食做好後鬆軟又好吃。

菇菌

　　菇菌是大型真菌，有很多種類，有些能吃，有些不能吃。誤食有毒的菇菌會引致食物中毒。

2. 烹飪界的「美味達人」

毛豆腐

是我們讓豆腐的口味
變得更獨特啊！

它們哪些能吃，
哪些不能吃？

植物蛋白經過發酵，會增加豆腐的風味。

麵包發霉記

如果不注意保鮮，麵包放久了就會發霉，發霉的部位由小變大、從外到內，這片麵包就沒辦法再吃了。這個時候，扔掉它是我們唯一的選擇。

食物發霉變質，就是霉菌在作怪。

一個星期

兩個星期

三個星期

四個星期

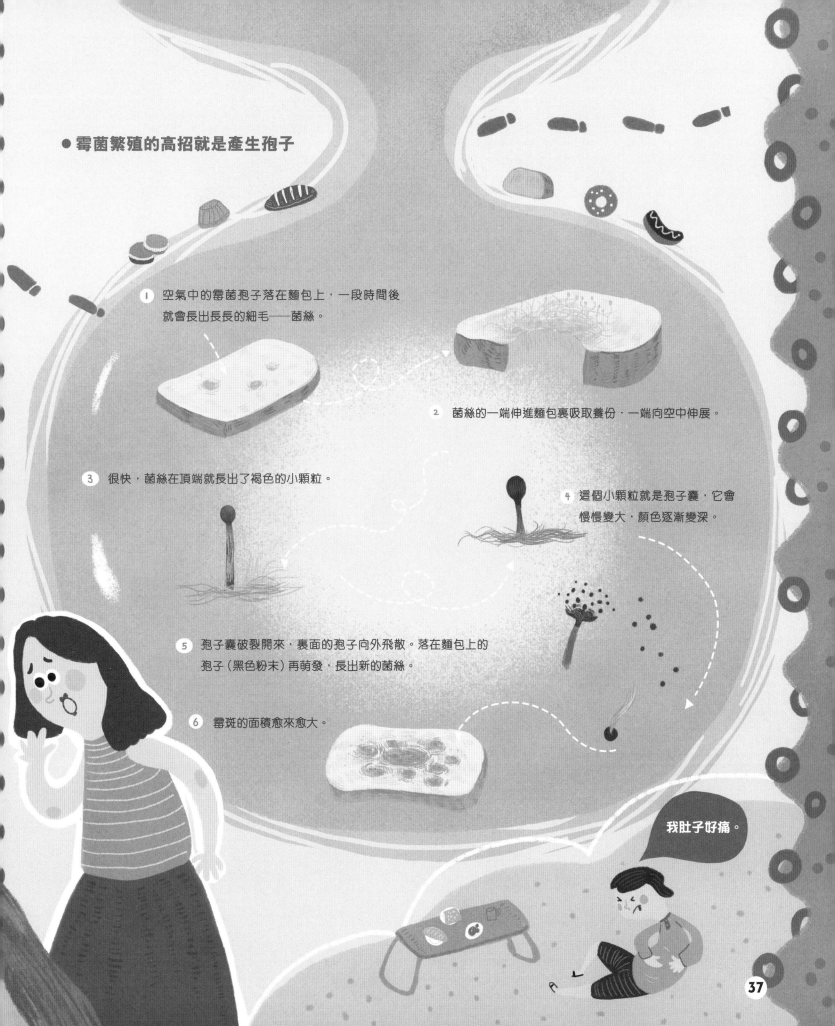

● 霉菌繁殖的高招就是產生孢子

① 空氣中的霉菌孢子落在麵包上，一段時間後就會長出長長的細毛——菌絲。

② 菌絲的一端伸進麵包裏吸取養份，一端向空中伸展。

③ 很快，菌絲在頂端就長出了褐色的小顆粒。

④ 這個小顆粒就是孢子囊，它會慢慢變大，顏色逐漸變深。

⑤ 孢子囊破裂開來，裏面的孢子向外飛散。落在麵包上的孢子（黑色粉末）再萌發，長出新的菌絲。

⑥ 霉斑的面積愈來愈大。

我肚子好痛。

發酵的奧秘

　　生活中應用到發酵的地方很多，製作麵包、釀酒、製醋等都需要發酵。早在數千年前，我們的祖先就已經利用發酵製作美食了，只是那時的他們並不知道，引起發酵的是一種神奇的真菌——酵母菌。

發酵利器——酵母菌

基本屬性：單細胞真菌，肉眼不可見
本領：發酵（分解糖類產生酒精和二氧化碳等）
主要應用：食品製作

二氧化碳　　酒精　　二氧化碳

默默地發生

在發酵的過程中，忙碌的酵母菌會一點點變多。

看我的分身術，變！

發酵的美味

製作美食過程中，很多都利用了發酵的原理！

麵包

在製作麵包時加入酵母，酵母發酵會產生大量氣體，這些氣體因為被麵團包住無法跑出去，會使麵團變得膨鬆，這正是麵包鬆軟可口的原因。

泡菜

製作泡菜時，需要為食材營造一個密封的環境。各種新鮮蔬菜混合配料、淡鹽水，在密封環境中發酵，就會變成一種帶酸味的醃製蔬菜，吃起來十分爽口。

葡萄酒

製作葡萄酒的葡萄皮上含有天然酵母，在酵母的作用下，葡萄果肉中的糖會轉化成酒精。酒精與葡萄的本味融合，就形成了口感獨特的葡萄酒。

真菌界的「怪誕事件」

真菌熱衷於分解，但並不是所有真菌都以死亡的生命為食物。一些真菌會進入活的動物體內，然後發生一系列奇妙的事情。

蟲子的跨界變身

在自然界中，生活着一種奇特的真菌——冬蟲夏草。

蟲草蝙蝠蛾是生活在青藏高原的一種小飛蛾，牠們把寶寶產在溫暖、潮濕又疏鬆的土壤中。

真菌釋放出的孢子進入土壤，遇到了蟲草蝙蝠蛾的幼蟲，孢子藉機鑽進幼蟲身體內。

這是「冬蟲」。

這是「夏草」。

孢子進入幼蟲身體後會長出無數菌絲，之後它會迫使受感染的幼蟲爬到離地面很近的地方，最終蟲體會頭朝上死去。

第二年夏天，幼蟲屍體的頭部會長出一棵長長的「草」，這其實是牠的身體內真菌長出的「果實」。

被操控的螞蟻

真菌寄生到動物身體裏，不僅會使動物「變身」，還會使牠們成為自己的「精神傀儡」，完全照自己的指示行動。

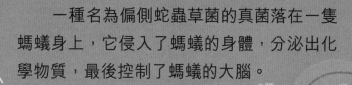

一種名為偏側蛇蟲草菌的真菌落在一隻螞蟻身上，它侵入了螞蟻的身體，分泌出化學物質，最後控制了螞蟻的大腦。

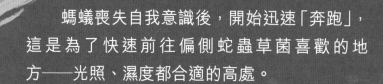

螞蟻喪失自我意識後，開始迅速「奔跑」，這是為了快速前往偏側蛇蟲草菌喜歡的地方——光照、濕度都合適的高處。

到達目的地後，偏側蛇蟲草菌會迫使螞蟻死死地咬住一個地方，以便它把身體牢牢地固定在那裏。

螞蟻體內的菌絲快速生長，很快就會有菌柄生長出來。

一段時間之後，菌柄上的孢子被釋放出來，更多螞蟻會在不知不覺中被感染。

偏側蛇蟲草菌的這種行為，有時甚至可以毀掉整個蟻群。

善用真菌的動植物

在自然界中，動物、植物跟微生物之間有着密不可分的聯繫，它們很多時候都受到真菌的恩惠。

種植真菌的切葉蟻

在美洲熱帶叢林中，有一種奇特的螞蟻——切葉蟻。牠們不吃樹葉，而是把樹葉切成塊，然後帶回巢穴發酵成食物。

塊狀樹葉（切割）

切葉蟻用牠強壯的下顎將新鮮的樹葉切割成塊，然後搬回巢穴。

我的下顎像剪刀一樣鋒利！

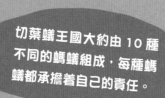

切葉蟻王國大約由 10 種不同的螞蟻組成，每種螞蟻都承擔着自己的責任。

螞蟻軍團（搬運）

切葉蟻把切割成塊狀的葉片搬回巢穴，一路浩浩蕩蕩，隊伍可有 100 多米長。

加快步伐，回家「種」糧食！

真菌「農場」（培植）

搬回巢穴內的塊狀葉片會被切葉蟻嚼碎，然後鋪在牠們的「農業基地」上。

● 在裏面放入真菌。

● 沒多久，碎葉上的真菌就會長出毛茸茸的「小蘑菇」，這便是切葉蟻的食物。

難道切葉蟻比人類更早掌握了培植技術？

切葉蟻的「真菌花園」。

依靠真菌發芽的天麻

天麻沒有根也沒有葉，它的生長需要依靠一種叫蜜環菌的真菌幫忙。蜜環菌進入天麻塊莖裏面，為天麻提供「養份」，這樣天麻才會發芽、長大。

謝謝蜜環菌幫助我們成長。

五花八門的傳播方式

　　病毒、細菌等微生物的傳播方式多種多樣，在這方面它們真可謂無與倫比的「飛行家」。

空氣傳播

經水傳播

食物傳播

土壤傳播

動物傳播

接觸傳播

醫源性傳播

母嬰傳播

未消毒的針頭

不可大意的寵物

寵物身上有很多致病微生物，不僅對寵物本身有致病性，還可能會傳染給人類，使人生病。所以，我們要定期為寵物打疫苗、及時清理寵物糞便及垃圾。

大腸桿菌

狂犬病病毒

沙門氏菌

犬細小病毒

蝙蝠

危險的野生動物

蝙蝠身上帶有許多種病毒，像伊波拉病毒這種高致病性病毒最早就是在蝙蝠體內發現的。

蛇體內含有大量寄生蟲和病毒，其中大部份能傳染給人類。這些寄生蟲和病毒可能會引發敗血症、心包炎等疾病，致使人們的器官受損，嚴重甚至會危及生命。

蛇

你們的名字裏有「蝠」字，難道你們象徵福氣？

你聽誰說的，這有甚麼科學依據?!

防護小常識

抑制家中微生物滋生的簡單方法：

用70℃以上的水蒸、煮或白灼食物。

媽呀，太燙了！

利用輻射趕走病菌，比如陽光照射、紫光燈照射等。

呼！好熱，這麼曬會「菌命」不保。

冷藏或冷凍。冷藏能減緩微生物的生長速度，並殺死一部份微生物。

太冷了，我凍僵了。

保持室內乾燥，經常通風、換氣。

水，我需要水！

消毒清洗，比如使用消毒液、肥皂等。

好暈，我好像中毒了。

容易藏污納垢的地方要經常清潔。

經常更換容易藏菌的用品，如抹布、牙刷等。

又被趕出門了，我想躲起來。

46

七步洗手法

公共交通工具的扶手、超市手推車、硬幣表面等都隱藏無數細菌，而這些都是我們日常生活中經常接觸到的物件，所以回家後我們要先洗手，才能減少外界細菌或者病毒的入侵。

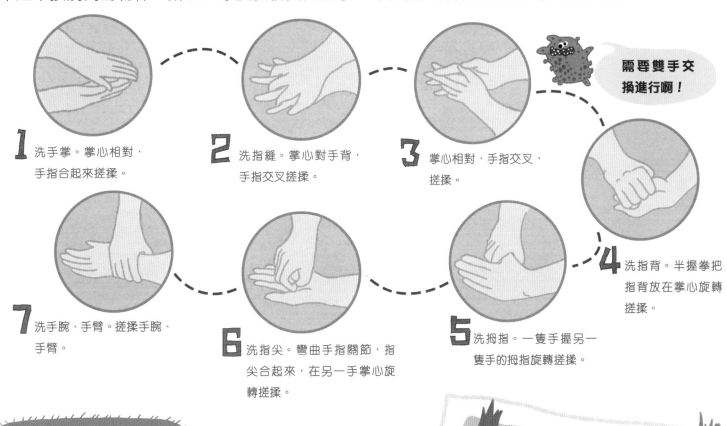

1 洗手掌。掌心相對，手指合起來搓揉。

2 洗指縫。掌心對手背，手指交叉搓揉。

3 掌心相對，手指交叉，搓揉。

需要雙手交換進行啊！

4 洗指背。半握拳把指背放在掌心旋轉搓揉。

5 洗拇指。一隻手握另一隻手的拇指旋轉搓揉。

6 洗指尖。彎曲手指關節，指尖合起來，在另一手掌心旋轉搓揉。

7 洗手腕、手臂。搓揉手腕、手臂。

增強自身免疫力

只有免疫力增強了，才能防止及抵擋病毒和細菌入侵。

● 作息規律，早睡早起。
● 不揀飲擇食，保持營養均衡。
● 愛做運動，加強鍛煉身體。

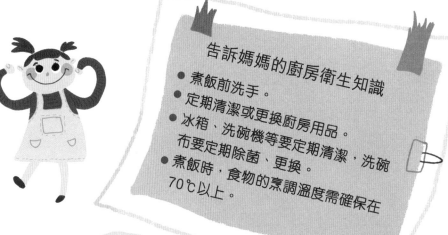

告訴媽媽的廚房衛生知識

● 煮飯前洗手。
● 定期清潔或更換廚房用品。
● 冰箱、洗碗機等要定期清潔，洗碗布要定期除菌、更換。
● 煮飯時，食物的烹調溫度需確保在70℃以上。

口罩的重要性

在公共場合或人多密集的場所，一定要記得戴口罩啊。

口罩能夠有效地阻擋病毒和細菌入侵。

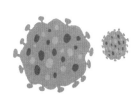

我雖然體積小，但是作用大！

書　　　名	小學生趣味大科學：看不見的生物——病毒、細菌	
編　　　者	恐龍小Q	
責任編輯	蔡柷音	
美術編輯	蔡學彰	
出　　　版	小天地出版社（天地圖書附屬公司）	
	香港黃竹坑道46號新興工業大廈11樓（總寫字樓）	
	電話：2528 3671　傳真：2865 2609	
	香港灣仔莊士敦道30號地庫（門市部）	
	電話：2865 0708　傳真：2861 1541	
印　　　刷	亨泰印刷有限公司	
	柴灣利眾街27號德景工業大廈10字樓	
	電話：2896 3687　傳真：2558 1902	
發　　　行	聯合新零售（香港）有限公司	
	香港新界荃灣德士古道220-248號荃灣工業中心16樓	
	電話：2150 2100　傳真：2407 3062	
出版日期	2024年1月 / 初版‧香港	

編者簡介

恐龍小 Q 是大唐文化旗下一個由中國內地多位資深童書編輯、插畫家組成的原創童書研發平台，平台的兒童心理顧問和創作團隊，與多家內地少兒圖書出版社建立長期合作關係，製作優秀的原創童書。